NOUVEAUX
MOYENS DE MULTIPLIER

ET DE

PERFECTIONNER LES ENGRAIS,

PROPOSÉS

PAR M. DUMYRAT.

A BRIVE,

DE L'IMPRIMERIE DE J. CRAUFFON, FILS AINÉ.

Novembre — 1821.

AVANT-PROPOS.

Je craindrais de blesser la délicatesse de mes lecteurs, par les détails du sujet que je vais traiter, si je ne parlais à des hommes éclairés, qui savent apprécier tout ce qui est utile. Le fumier est le premier moyen de l'Agriculture : ceux qui disent aux cultivateurs, semez des herbages, sur le champ qui a rapporté du blé, leur donnent, sans doute, un bon conseil; mais il y a beaucoup de champs qui ne produiraient ni grain ni fourrage, si des fumiers très-actifs ne ranimaient les principes de la végétation, dans le sein d'une terre épuisée. Notre population s'accroît, tous les jours, d'une manière sensible, et je propose de nouveaux engrais, pour féconder le sol qui doit la nourrir.

DES MOYENS

QUE L'ART PEUT EMPLOYER AVEC SUCCÈS, POUR MULTIPLIER ET PERFECTIONNER LES ENGRAIS.

PAR M. DUMYRAT, CONSEILLER DE PRÉFECTURE ET MEMBRE DE LA SOCIÉTÉ D'AGRICULTURE DE LA CORRÈZE.

Doublez votre fumier, vous doublez votre champ.

Proverbe de M. *d'*HUMIÈRES.

On lit la phrase suivante dans le traité des engrais de monsieur MAURICE, maire de Genève : « Si un chimiste trouvait moyen de faire passer promptement à l'état putride, une quantité d'eau considérable, à peu de frais, il rendrait probablement à l'Agriculture un plus grand service qu'on ne le pourrait par tout autre moyen. » Cette idée m'a paru mériter l'attention la plus sérieuse, parce que l'eau peut en effet recevoir et communiquer à la terre des principes très-actifs de fécondité.

La substance qui me paraît la plus susceptible de corrompre l'eau, c'est l'urine : celui qui trouverait un moyen simple et facile de recueillir une grande quantité de cette liqueur, pourrait faire macérer et décomposer beaucoup de matériaux, dans un liquide préparé pour les convertir en fumier.

Monsieur BOYER, magistrat de Béfort, fit insérer les questions suivantes dans les journaux, en 1783 : Si l'urine peut être employée pour fertiliser la terre fraîche et pure, ou s'il vaut mieux la laisser fermenter, et à quel dégré ? (1)

Si cette liqueur putréfiée peut être employée seule ou mélangée avec de l'eau, ou de la terre, et en quelle proportion ?

Monsieur *François* DE NEUFCHATEAU observe que le procédé des fosses inodores, inventé par MM. CAZENEUVE, mettra les Agriculteurs à portée de résoudre les questions du magistrat de Béfort, sur lesquelles les savants de cette époque ont gardé le silence. L'art de multiplier les engrais, étant basé sur cette découverte, avant de traiter mon sujet, je vais donner un extrait du rapport fait à la société royale d'agriculture, sur le procédé de MM. CAZENEUVE, dans sa séance du 19 août 1818, par Monsieur HÉRICAR DE THURY.

« Après avoir reconnu tous les abus, les incon-
« vénients et les dangers inévitables de notre ancien
« système de fosses, MM. CAZENEUVE ont pensé que
« le point essentiel, pour arriver au but qu'ils se

« proposaient, (le changement total du procedé)
« ils devaient, dès le principe, trancher la plus
« grande difficulté, en séparant immédiatement la
« matière liquide de la matière solide, aussitôt leur
« précipitation, afin d'empêcher la fermentation per-
« manente qui s'établit dans la vanne des anciennes
« fosses; et guidés par ce principe, auquel ils se
« sont arrêtés, ils ont disposé un appareil de telle
« manière, que la séparation peut se faire d'elle-
« même, au fur et à mesure de la chûte et de
« l'amoncélement des matières.

« Ne pouvant entrer ici dans tous les détails de
« la construction de cet appareil, nous nous borne-
« rons à dire :

1.° « Qu'il consiste en deux tonnes de bois de
« chêne, cerclées en fer, placées l'une au dessus de
« l'autre, aupied des tuyaux de descente accoutumée;

2.° « Que la tonne supérieure est placée debout,
« tandis que l'autre est couchée : la première reçoit
« les matières à leur descente des tuyaux en poterie;
« elle contient trois filtres placés verticalement d'un
« fond à l'autre, et ouverts par en bas; ces filtres
« sont des tuyaux de plomb percés, dans toute leur
« hauteur, d'un grand nombre de petits trous, qui
« permettent, immédiatement après l'arrivée des matiè-
« res, la séparation et l'écoulement des eaux dans
« la tonne inférieure, tandis que les matières épaisses

« restent dans celle d'en haut. L'appareil est monté « sur un chantier, et suivant que les tonnes sont « pleines, le service des entrepreneurs se fait sans « embarras, et avec une telle facilité, qu'on peut « changer la tonne supérrieure ou inférieure, à « l'insçu des personnes qui habitent le rez de chaussée.

« Les nouveaux appareils des MM. Cazeneuve, « considerés relativement à l'Agriculture, doivent « produire des résultats avantageux, et sous ce rapport, « ils ne peuvent manquer de se répandre promptement.

« Le rapporteur propose à la société de recomman- « der l'emploi de ces appareils, dans les établissements « publics, afin que les propriétaires puissent s'y « convaincre des avantages inapréciables qu'ils pré- « sentent, et de remettre à MM. Cazeneuve, en les « félicitant sur leur heureuse invention, une expédition « du présent rapport.

« La société Royale et centrale d'Agriculture « approuve ledit rapport, arrête qu'il sera imprimé « dans ses mémoires, et qu'il en sera tiré 500 « exemplaires, pour être envoyés à ses correspondants. »

Il a été délivré à MM. Cazeneuve, en 1818, un brévet d'invention et de perfectionnement de 15 ans, pour des procédés de construction de fosses d'aisance portatives et inodores.

Puisqu'il est possible de se procurer le ferment dont j'ai besoin, je m'occuperai maintenant de la multiplication des engrais, par les procédés que je vais décrire.

Commencez par jeter des tiges de lupins, ou de la fougère à demi consommée dans une mare, faites-y rouir du chanvre ou du lin : c'est un excellent moyen de putréfier l'eau, et de la préparer pour les engrais; ayez ensuite une cuve, contenant au moins 60 hectolitres, mettez-y 4 hectolitres de fumier de moutons, ou de cheval, ou de bœuf bien consommé et mêlé avec de la fiente de pigeon, ou de volaille; jetez pardessus 20 hectolitres d'eau puisée dans votre mare, plus 10 hectolitres d'urine et 2 de lessive bouillante, (2) mêlez bien le tout avec un rabot, laissez ensuite ces matières exposées au soleil pendant 8 jours; après cet intervalle, vous achèverez de remplir la cuve avec même quantité d'eau de mare et d'urine que la première fois, plus 2 hectolitres de lessive bouillante; vous laisserez fermenter ce liquide, pendant quinze jours, et vous l'agiterez de temps en temps, ayant le soin d'y jeter de la chaux vive, ou du lait de chaux, pour vous garantir des vapeurs méphytiques; vous formerez ensuite un tas de matériaux, de la manière qui sera indiquée ci-après.

Avant de mettre la main à l'œuvre, il faut se procurer les matériaux nécessaires, des gazons bien consommés, ou d'autre bonne terre qui puisse en tenir lieu, des herbes, de la chaux ou de la cendre; servez-vous de la charrue que M. de Villeneuve a inventée pour enlever le gazon des prés mousseux, et dont il donne le dessin et la description, dans son manuel d'agriculture. Que les gazons soient amoncelés un an d'avance, et réduits en terre lorsqu'il sera temps de les employer; à defaut de gazon, entassez des limons de réservoir, ou de bonne terre, qui aura été bien divisée et arrosée de temps en temps avec de l'eau de fumier. Si vous manquez de chaux, la cendre peut y suppléer : dans ce pays, les bruyères ne sont que trop communes, il vous sera facile de les enlever avec la charrue que j'ai indiquée, et de les réduire en cendres, quand la terre attachée aux racines sera desséchée. (3)

Quelques boisseaux de lupin semés sur une jachère vous fourniront, à peu de frais, l'herbe dont vous aurez besoin. (4) Pour contenir ces divers matériaux, je propose de construire un carré de murs, avec les moellons factices de M. Cointeraux, (5) et du mortier de terre grasse. L'espace compris dans cette enceinte sera de quatre mètres sur 5 : ce qui donne 20 mètres carrés de superficie ; les murs seront élevés d'un mètre trois ou quatre décimètres (environ quatre pieds.) Sur un lit d'argile bien battue, on établira au fond de ce petit enclos, une couche de terre qu'on aura mise en réserve, épaisse d'un décimètre, et bien mêlée avec un hectolitre de chaux en poudre. (6)

Au dessus de cette terre, on placera une couche d'herbes fraîches, de la même épaisseur, qui sera saupoudrée avec un demi-hectolitre de chaux; à défaut

de chaux, on fera usage de cendre ou de gypse. (7)
Des couches alternatives de terre et d'herbe, ainsi préparées, rempliront l'intérieur de ce carré, jusqu'à la hauteur d'un mètre : on puisera ensuite dans la cuve remplie d'eau fermentée, et on en répandra la moitié sur les matières entassées; l'autre moitié y sera versée quelques jours après, lorsqu'elles seront un peu essorées. On fera auparavant des trous dans cette masse, avec un piquet, pour que l'eau puisse y pénétrer : le dépôt resté au fond de la cuve sera répandu sur le tas d'engrais.

Les végétaux nourrissent les animaux, et fournissent aussi la substance nutritive des plantes, lorsqu'ils sont décomposés; ceux que j'emploie pour mon engrais, ont de plus l'avantage de retarder le tassement des matières, et de favoriser la circulation de l'air dans leur masse; la chaux mise en fusion y produit une fermentation générale; la cendre dessèche la terre par sa causticité, et la dispose à s'imbiber des eaux de fumier; les murs de terre ne perdent point le liquide qu'on leur confie, on peut les briser quand ils ont servi, et leurs débris augmentent le volume des engrais; ils conservent, comme un vase, la chaleur et l'humidité, qui sont les principaux agents de la fermentation. On les bâtit à peu de frais, et je les adopterais volontiers pour un grand nombre de constructions rurales.

Quand sera venue la saison de semer les blés d'hiver, ou ceux de mars, on démolira un côté de l'enceinte, où sera contenu le fumier, et on tâchera de le remuer dans toute sa profondeur, pour mêlanger ses diverses couches; on le fera ensuite répandre sur les terres, et recouvrir le même jour, pour éviter la déperdition de ses principes. Je sais qu'on emploie souvent du fumier frais, mais ses effets sont tardifs; c'est lorsqu'il a subi une fermentation complette, qu'il féconde la terre, et qu'il offre aux racines les sucs nourriciers qu'elles convertissent en sève. (8)

M. l'abbé de Bertholon composait un engrais liquide avec de l'eau stagnante, et la quantité d'urine qu'il pouvait se procurer; il fesait ensuite macérer des matières végétales et animales dans cette eau, qu'il appelait eau végétative. D'après une expérience dont il rend compte, quelques pieds de Maïs, arrosés avec cette eau, lui ont rapporté 93 grains pour un de semence, tandis que le même nombre de pieds, arrosés avec de l'eau commune, n'a produit que 28. Je crois cependant qu'il est moins avantageux de faire servir cette eau à l'arrosement des blés, qu'à la confection des fumiers. L'eau répandue sur un champ peut se perdre dans les couches inférieures de la terre, ou s'exhaler en vapeurs, lorsqu'elle est exposée à l'ardeur du soleil. Les labours et les pluies acheveraient bientôt de la dissiper, au lieu que des matières solides imprégnées d'eau fermentée, ont contracté les qualités d'un d'un bon fumier, qui se dissout peu-à-peu, pour alimenter la végétation. J'adopterais cependant un autre système pour les plantes fourrageuses : le plâtre est l'engrais qui leur convient le mieux. M. MAYER, Ministre allemand d'un rare mérite, découvrit cette propriété du gypse, en 1768. La société économique de Berne nomma deux commissaires, pour lui faire un rapport sur les expériences de ce Ministre. Voici celle qui fut faite en 1769. On partagea un terrain de 16,000 pieds carrés (une sétérée de Tulle à peu de chose près) en quatre parties égales, sur lesquelles on sema du trèfle avec de l'avoine. Au mois d'avril suivant, on répandit sur le premier carré un pied cube de plâtre calciné, autant de chaux vive sur le second; sur le troisième, quatre pieds cubes de bonne marne désséchée et pilée, le quatrième fut arrosé avec un tonneau d'engrais liquide fermenté, dans lequel on avait fait dissoudre un demi-pied cube de gypse. On fit trois coupes sur le n.° 1.er, deux assez faibles sur les n.os 2 et 3, et cinq très-belles sur le n.° 4. Cette expérience est d'autant plus décisive pour moi, que l'engrais, employé dans cette circonstance, est composé des mêmes substances que le mien. (9) En dissolvant le plâtre dans l'eau destinée à l'arrosement des prairies, on réduirait de moitié la quantité de celui qu'on répand, lorsqu'il est en poudre. J'en ai acheté tout récemment cinq quintaux (250 kilogrammes) pour le répandre sur du sainfoin, et je l'ai payé à raison de 5 francs le quintal.

Examinons maintenant ce qu'il en coûterait pour fabriquer mon engrais, et comparons la dépense avec les profits qu'on pourrait espérer. Il faut d'abord construire une fosse mobile, une mare entourée de bon corroi ou de béton, si vous n'avez pas un sol argileux qui puisse conserver l'eau. Il faut une cuve, des barriques, une crécize, une charrue particulière; il faut encore se familiariser avec l'usage de ces instruments.

Pater ipse colendi,
Haud facilem esse viam voluit, primusque per artem,
Movit agros, curis accuens mortalia corda,
Nec torpere gravi passus sua regna veterno.

(GEORGIQUES DE VIRGILE, LIV. 1.er)

L'auteur de l'Univers a experssément ordonné que l'agriculture fût un exercice pénible; il a voulu que le besoin rendît les hommes industrieux, et qu'une lâche oisiveté fût bannie de son empire.

Tous ces objets nécessitent une mise de fonds. Pour en connaître le produit, nous devons apprécier les matières employées; la chaux portée à Tulle, coûte environ trois francs l'hectolitre. Tous les propriétaires, qui ne sont pas à portée des roches calcaires, pourraient employer de la cendre mêlée avec la chaux, et j'estimerai deux francs l'hectolitre cette matière mélangée. Il en faudrait par apperçu dix hectolitres, pour un tas de fumier. Je compte pour cet article 20 francs; et pour la provision de terre, celle de végétaux, ou la main d'œuvre, 40 francs; ces deux sommes forment un total de 60 francs. On cultive beaucoup de terres, dans ce département, qui ne rendent pas plus de cinq pour un. Il faut deux hectolitres de seigle pour ensemencer l'espace d'un hectare : ces deux hectolitres doivent en produire dix. En estimant le prix commun du seigle, 12 francs l'hectolitre, cette récolte vaut 120 francs. Après avoir déduit la moitie pour les frais de culture, il reste au propriétaire 60 francs. Je crois qu'il serait possible de doubler le produit de cette mauvaise terre, en ajoutant à l'engrais qu'elle reçoit ordinairement, 20 charretées de celui que j'ai composé. (11) Dans cette hypothèse, un hectare ensemencé donnerait 20 hectolitres au lieu de 10 : cette quantité représente la somme de 240 fr. En déduisant 60 fr. pour les frais de culture, il resterait au propriétaire 180 fr. au lieu de 60. Sur cette somme de 180 fr. je déduirai pour le prix de 20 charretées de fumier 60 francs : (*) reste 120 francs de produit net. J'obtiendrais donc, par l'emploi de cet engrais, le double des produits ordinaires. Si je prends pour exemple une bonne terre, qui rapporte huit pour un, je n'emploierai que dix charretées de mon fumier sur un hectare : ce suplément d'engrais pourra en augmenter les produits d'un tiers, c'est-à-dire de 4 pour un; dans le premier exemple, 20 charretées m'ont fait gagner 5 pour un, et dans celui-ci elles me font

(*) Le fumier coûterait moins cher, comme on le verra ci-après.

gagner 8, parce qu'elles suffisent pour deux hectares. On voit que dans cette seconde hypothèse, j'ai un bénéfice beaucoup plus considérable que dans la première.

Une petite portion de cet engrais, déposée au pied d'un cep de vigne, produirait un effet très-sensible, sur la récolte de plusieurs années. Une cuvée d'eau fermentée répandue sur un arpent (demi-hectare) de prairie, enrichirait un sol dont les produits sont infiniment précieux. (12)

Pour rendre mon fumier très-actif, j'ai concentré dans un petit tas de matière, une quantité de principes fécondants, disséminés par tout, ou perdus par défaut de soins. Il est quelquefois impossible de bonifier les fonds stériles, parce que les animaux, nourris sur des pacages maigres, donnent une petite quantité de fumier sans vertu. Avec celui que je propose, il serait possible de rendre toutes les terres fertiles, puisqu'on peut le fabriquer en tous lieux. On pourrait aussi défricher et mettre en valeur beaucoup de terres incultes, et accroître, par ce moyen, nos richesses territoriales : si je n'ai pu réaliser des espérances aussi flatteuses, j'ai du moins tâché de mettre à profit les découvertes et les observations des agronomes les plus célèbres, pour composer un engrais puissant; et je m'estimerais trop heureux, si mes faibles essais pouvaient mériter l'approbation des hommes éclairés.

NOTES.

(1.) De toutes les matières usuelles, il n'en est aucune qui renferme plus de parties phlogistiques, et qui soit plus propre à accélérer la putréfaction que l'urine. (Mémoires de la société économique de Berne, de l'année 1766, tom. 6, pag. 41.)

L'urine fermentée, dont les Hollandais font usage, est un des meilleurs engrais. (Rapport sur les fosses mobiles, pag. 39.)

L'urine humaine, dans son état naturel, est celle qui contient le plus de principes fertilisants. (Rapport de M. Héricart de Thury, sur la fabrication des urates.)

(2.) M. Poinsot, auteur d'ouvrages estimés sur l'agricultre et le jardinage, cite pour exemple la méthode d'un cultivateur Suisse, nommé Klyioog, et surnommé le Socrate rustique. » Cet homme laborieux a fait creuser plusieurs fosses, dans » lesquelles il fait corrompre l'eau nécessaire à ses opérations; » il en couvre le fond avec du fumier de vaches bien fermenté; » il y met ensuite de l'eau de puits, et jette pardessus une » assez grande quantité d'eau bouillante, étant bien convaincu » de l'utilité de la chaleur, pour opérer la fermentation putride. » (L'ami des cultivateurs, tom. 2, pag. 34.)

(3.) M. de Villeneuve, donne des détails instructifs sur la manière de construire des fourneaux avec des mottes de gason, et de les convertir en cendres, dont il fait un grand usage pour amender ses terres. (Essai d'un manuel d'agriculture, page 122.)

(4.) Les lupins sont beaucoup à priser pour l'engraissement des terres. La pratique de ce temps-ci, en la Toscane, en Piémont, et ailleurs, où tel engraissement est en usage, montre la droite saison de semer les lupins, estre sur la fin du mois de juin, ou au commencement de juillet, sur les terres de guéret vieux, en ce temps-là doncques, avec un labour fait au soc, nous jetterons les lupins en terre, laquelle tôt après couverte et ombragée par l'herbe en provenant, sera conservée en quelque humidité; et par son amertume, toutes sortes de bestioles seront chassées, et tuées les racines et herbes malignes. C'est aux terres maigres que les lupins se plaisent, comme aussi à elles appartient proprement le méliorement. (Olivier-de-Serres.) (On peut aussi dans nos climats les semer au mois d'avril, pour les enfouir en septembre, et au mois de novembre, pour les retourner au mois de mai.)

(5) Dans ses conférences M. Cointeraux, professeur d'architecture rurale, donne la description de son moule, qu'il appèle crécize, et de longs détails sur sa manière d'opérer. Il calcule que deux hommes peuvent bâtir, en un jour, 12 toises de mur, qui doivent coûter 1 fr. 50 cent. la toise, (vingt sols pour la façon des moellons, et dix sols pour celle du mur.) Cette maçonnerie est durable et très-économique. Les propriétaires devraient en faire usage, pour les murs de bassecour, les enclos, les murs d'espaliers etc. On peut remarquer un petit modèle de crécize, parmi les objets d'art que possède la société d'agriculture de la Corrèze.

(6) L'expérience et la Théorie, dit M. Bosc, se réunissent pour prouver l'efficacité des engrais minéraux; la chaux en poudre, et en petite quantité, accélère la décomposition du fumier, et accroit prodigieusement son action. Dans le Comté de Surrey, chaque fermier a son four à chaux, et cet amendement est employé avec succès dans presque toute l'Angleterre. (Extrait du mémoire de M. Landrau, membre de la société de la Charente.)

(7) Le célèbre Arthur Young observe qu'en général tout ce qui boit avidement l'humidité est un engrais excellent; et sous ce rapport, il conseille d'employer les cendres, l'argile brûlée et les fonds de fours à chaux. Si les terrains volcaniques sont les plus fertiles, il pense que c'est par l'intermédiaire des feux souterrains. (Extrait du rapport de M. Héricart de Thury, sur les urates calcaires.)

On attribue les effets du plâtre à sa très-grande faculté septique ; car on trouve qu'il accélère la putréfaction plus qu'aucune autre substance. On le répand sur la terre en février, pour convertir promptement la vieille herbe en charbon, qui nourrit les jeunes plantes. (Mémoire de KIRWAN, rapporté dans le traité des engrais, page 370.)

(8) Quand les végétaux sont décomposés, et réduits à leurs principes primitifs, ils sont prêts à rentrer dans la composition d'autres plantes ; ainsi se soutient la succession des individus, et la mort des uns fournit à la vie des autres. (Traité des engrais, page. 36.)

(9) L'engrais liquide dont je parle est un mélange de trois parties d'eau commune, sur une partie d'urine et de fiente de bestiaux, auquel on donne le temps de fermenter le plus qu'il est possible. Cet objet est tellement important pour l'amélioration des terres, que dans le canton de Zurich, où il est suivi avec la plus grande application, il en a plus que doublé la valeur, dans plusieurs districts. (Note qui se trouve à la page 218 du traité des engrais.)

(10) Lorsque vous emploierez l'argile corroyée, il faut la préparer et la battre sans eau, afin qu'elle ne se fende pas, dans les temps secs, lorsque la mare sera épuisée. Si vous employez le béton, qui est bien plus solide, vous pourrez consulter sur cette matière, les excellents ouvrages de monsieur VICAT, ingénieur chargé de la construction du pont de Souillac, sur la Dordogne.

(11) Le tas de terre que j'ai formé, ayant 20 mètres de superficie sur un mètre de profondeur, donne 20 mètres cubes, et le mètre cube contient environ 27 pieds cubes. 22 pieds cubes de terre font la charge d'une charrette à bœufs; il résulte de ce calcul, que le tas dont s'agit me fournirait à-peu-près 25 charretées d'engrais, sans y comprendre le poids de l'eau, et qu'elles me coûteraient 2 francs 40 centimes chacune, d'après l'estimation des matériaux portée ci-dessus.

Au mois de novembre dernier, le fumier se vendait à Brive, 6 francs la charretée : les cultivateurs, qui l'enfouissaient avec le blé, comptaient bien retrouver leurs avances sur la plus grande valeur des produits de leur terre. Il est vrai qu'ils préfèrent le fumier des villes à celui de leurs étables, parce qu'il contient plus de parties animales; leur opinion est bien fondée, et prouve qu'il serait très-avantageux d'arroser le fumier des bestiaux avec une eau végétative très-substantielle.

(12.) Celui qui aurait pris ses mesures pour se procurer tous les mois deux barriques d'urine, pourrait fabriquer tous les ans une quantité de fumier à-peu-près égale à celle qu'on a ordinairement dans une ferme du Limousin. Dans le chef-lieu de ce département, on laisse perdre, chaque mois, mille barriques de cette liqueur. Un appareil bien simple produrait une source abondante de richesses, qui circulerait dans toutes les communes de l'arrondissement.

a la [illegible] de faveur au nouveau

aux

leurs

Tulle le 6 février 1822.

à 4 mars 1822.

Monsieur

Veuillez m'excuser si j'ai tardé à vous [illegible] reception de votre mémoire sur les nouveaux moyens de multiplier et de perfectionner les engrais.

J'ai lu avec le plus vif intérêt, les principes en sont bons et parfaitement d'accord avec la meilleure théorie. La pratique ne les trouvera jamais en défaut. Je regrette que mes fonctions ne me permettent plus de me livrer davantage aux [illegible] sur le même sujet et que je suis malheureusement obligé d'y renoncer entièrement.

Si je puis vous être ici de quelque utilité je m'empresserai [illegible] bien persuadé [illegible] à faire ce qui [illegible] et combien il est utile à la [illegible] aux bons cultivateurs [illegible] [illegible]

Monsieur,

Votre savant rapport sur les urates de M.M. Donat a répandu beaucoup de lumières sur les questions dont je me suis occupé; et je désire que le choix de mon sujet puisse justifier auprès de vous, la liberté que je prends de vous adresser mon ouvrage. Le conseil d'agriculture auquel je l'ai soumis, a jugé bon le résultat de mes procédés, mais il a pensé que les moyens proposés pour l'obtenir, seraient trop dispendieux. Les motifs de cette opinion m'ont déterminé à retoucher mon travail, et à le reproduire ainsi modifié, dans une lettre adressée au Ministre de l'intérieur, dont j'ai l'honneur de vous envoyer la copie. Si mes dernières observations étaient accueillies, je serais autorisé à faire un cours d'expériences, et j'y établirais une fosse mobile, pour y puiser les matières de mes engrais, je pourrais fabriquer des urates qui par la facilité du transport, seraient convenir aux spéculations du commerce. Jusqu'ici ma proposition n'a pas eu tout le succès dont je m'étais flatté, mais il est possible qu'on accorde plus de faveur au nouveau projet que j'ai recommandé à vos bontés : Je fais des vœux pour qu'il soit digne de votre protection, et vous prie d'agréer les sentiments de la haute Considération, avec laquelle j'ai l'honneur d'être.

Monsieur,

Votre très humble
Et très obéissant serviteur.

Dumyrat, Conseiller de préfecture.

Votre très humble
béissant Serviteur.

at Conseiller de préfecture.

PROJET

De souscription adressé à la société d'Agriculture de Brive, et aux Propriétaires de l'Arrondissement.

Dans un temps où les projets des agronomes se multiplient à l'infini, la théorie de l'agriculture doit s'appuyer sur l'expérience. C'est la pierre de touche qui fait distinguer les conceptions utiles des idées vagues et chimériques.

J'ai l'honneur de présenter mon travail à la société d'agriculture de Brive, espérant qu'elle approuvera les expériences auxquelles je désire le soumettre, et que les propriétaires de cet arrondissement y prendront une part active, en acceptant la souscription que je leur propose. Une entreprise de ce genre convient mieux à une compagnie qu'à un particulier, parce qu'elle peut consommer tous les produits de son atelier; la cherté du fumier, dans cette ville, est encore une circonstance favorable, et prouve que l'industrie des habitans se porte vers l'agriculture: les propriétaires doivent sans doute seconder cette heureuse disposition des colons, et leur procurer de nouveaux moyens de fertiliser leurs terres; mais avant de souscrire pour une entreprise, chacun doit connaître les moyens existants pour son exécution, et les dépenses qu'elle exige.

Il faut un emplacement pour l'atelier, une grange ou un hangar, pour y placer tous les ustensiles nécessaires, un champ pour fournir de la terre, une mare pleine d'eau, et enfin un appareil de fosses mobiles qui puisse alimenter cette fabrique.

Avec l'agrément des autorités locales, je ferai placer à l'hospice un appareil ou machine filtrante; un local choisi sur le bien que je possède aux portes de la ville, réunira tous les objets nécessaires pour cette manipulation, et la société des actionnaires y trouvera un établissement tout formé.

Les moyens d'exécution détaillés dans le mémoire, n'étant pas tous disponibles, je les modifierai de la manière qui suit. J'ai dit qu'il fallait jeter *des tiges de lupin ou de la fougère dans une mare*. A défaut de végétaux pour cet usage, les égoûts de la ville fourniraient de l'eau putréfiée, propre à corrompre celle de la mare.

Ayez une cuve contenant 60 *hectolitres*. Un hospice, qui a une population habituelle de cent et quelques personnes, peut fournir un hectolitre d'urine par jour. Avec les deux-tiers de cette quantité, on remplirait à-peu-près dix barriques par mois; je mêlerais ces dix barriques provenant de l'hospice avec 20 barriques d'eau de mare, pour humecter deux tas de terre, qui me donneraient environ 60 charretées de fumier.

Mettez deux hectolitres de fumier de moutons. Pour ne pas trop remplir la cuve, on pourrait employer du jus de fumier; et si l'eau de mare était bien grasse, le fumier serait superflu.

Mettez-y un hectolitre de lessive bouillante. Je suis persuadé que cette recette est bonne, au moins pendant l'hiver, et que deux hectolitres de cette lessive, versées au même instant, suffiraient pour réchauffer la masse d'eau contenue dans la cuve.

Il faut se procurer des gazons. Je crois que de bonne terre à froment bien préparée pourrait suppléer le gazon, et je prendrais celle qui se trouverait le plus à portée de l'atelier.

A défaut de chaux, employez de la cendre. Si la société se déterminait à faire une entreprise considérable, elle pourrait réduire cet article de dépense, en faisant construire un four à chaux, pour fournir à sa consommation; et si les mines de charbon, qu'on exploite près Terrasson, donnaient des produits abondants, il en résulterait une grande diminution dans le prix du combustible.

Quelques boisseaux de lupins semés sur une jachère. Chaque associé serait prié de semer un boisseau de lupins ou de féveroles, sur son fonds; la moitié au mois de novembre, et l'autre moitié au mois de mars, pour fournir l'atelier de végétaux, pendant l'été; on emploierait en hiver, des feuilles, de la fougère et de la paille, on pourrait encore faire usage du vieux tan, décomposé par l'action de la chaux, ou de gazon haché.

Les murs seraient élevés d'un mètre trois décimètres. Dix couches de matière, ayant chacune un décimètre d'épaisseur, ne donneraient pas une quantité d'engrais suffisante, quand cette matière serait tassée. Il faut encore ajouter à cette masse trois nouvelles couches, et laisser au-dessous un encaissement, pour contenir le liquide préparé. C'est pourquoi je donnerais à mon carré de mur cinq pieds d'élévation, et je creuserais le terrain qu'il devrait occuper, ensorte que ma première couche serait enfoncée d'un pied au dessous de sa superficie; d'après cette disposition, mon tas de matériaux serait formé de treize couches alternatives: sept de matière terreuse, et six de végétaux. Les premières recevraient chacune un hectolitre de chaux; il n'en faudrait que trois, pour la préparation des six couches de végétaux.

Je voudrais employer la cendre de bruyère pour le deuxième tas; on répandrait sur chaque couche de terre, un hectolitre de cette cendre, mêlée avec un demi-hectolitre de chaux; les six couches de végétaux seraient traitées, comme il a été dit ci-dessus.

Pour le premier tas, j'emploierais dix hectolitres de chaux, que j'estime 20 francs; j'emploierais pour le second, sept hectolitres de cendres et six hectolitres et demi de chaux que j'estime ensemble 20 francs, total pour les deux tas 40 francs.

Des couches alternatives de terre et d'herbe. Lorsqu'on emploierait de la paille ou de la fougère séche, il conviendrait de les faire tremper auparavant dans la mare, et de les couper avec le tranchant de la bêche, lorsqu'elles seraient comprimées par une couche de terre supérieure.

L'hospice, comme je l'ai dit plus haut, pourrait fournir, chaque mois, dix ou douze barriques contenant 20 à 25 hectolitres d'urine; mais s'il fallait y établir plusieurs appareils, et les payer au prix de 300 fr. (*), cette dépense préliminaire pourrait déconcerter mes projets. Je vais proposer, dans l'intérêt de l'agriculture, des moyens plus économiques. Chacun a sans doute le droit de filtrer un liquide quelconque par un procédé nouveau, pourvu qu'il n'emploie pas, sans autorisation, celui qui appartient exclusivement à MM. Cazeneuve, comme brévetés du Gouvernement.

Voici mon plan : deux petits murs seraient construits dans une fosse, et séparés par un intervalle de deux mètres. Ils supporteraient deux solives recouvertes d'un

(*) Chaque appareil coûte 300 fr. dans les magasins de MM. Cazeneuve, à Paris, et pèse 200 kilogrames.

plancher ; sur ce plancher j'établirais un cuvier, et placerais dans son intérieur deux plaques de plomb perpendiculaires, qui le diviseraient en trois cazes. Ces plaques seraient percées de petits trous; et soutenues par des liteaux. Des grilles en fil de fer un peu serrées seraient clouées dans l'intérieur, au devant de ces filtres, pour faciliter l'écoulement des matières liquides. Après leur chûte dans la caze du milieu, elles se répandraient dans les cazes latérales, et seraient dirigées par des tuyaux, dans les vaisseaux disposés pour les recevoir. J'adapterais au cuvier un couvercle bien solide, qui le fermerait hermétiquement, lorsqu'on voudrait le nettoyer ou le remplacer.

On pourrait aussi placer un cuvier dans un autre plus grand; le premier aurait dans son pourtour plusieurs ouvertures, que je laisserais entre les douves séparées par des tasseaux. J'appliquerais sur ces ouvertures des plaques ou filtres, que je garantirais intérieurement par des grilles en fil de fer. La matière liquide serait déversée dans le grand cuvier, et coulerait ensuite par des tuyaux, dans les tonneaux qui serviraient à la transporter. Le grand cuvier serait fixé sur l'une des deux solives établies pour le soutenir, laquelle tournerait sur place, à volonté, tandis que l'autre serait mobile. Lorsque le cuvier intérieur serait plein, on le boucherait avec son couvercle, et pour le remplacer avec facilité, on renverserait l'appareil par un mouvement de bascule.

Si les propriétaires adoptaient cet engrais artificiel, ils pourraient construire des fosses conformes aux modèles que je viens de proposer. Il conviendrait de les placer hors de leurs maisons, et de bâtir au-dessus des loges d'une toise carrée, en moellons de terre; le toit, qu'on établirait sur cette maçonnerie, n'en couvrirait que la moitié, et le siège serait placé au-dessous du couvert, vis-à-vis la porte. Ces loges seraient pavées et bien recrépies; l'on aurait soin d'y entretenir la propreté, pour y accoutumer les habitans de la campagne.

COMPTE

Des dépenses présumées nécessaires pour la fabrication du nouvel Engrais.

La chaux et la cendre employées chaque mois montent 40 fr.

Cette dépense annuelle s'élève à 480 fr. Soit 500 f.

Deux hommes loués à l'année, à raison de 350 fr. chacun, montent 700 f.

Total. . . . . 1,200 f.

Vingt-quatre actions, de 50 fr. chacune, couvriraient cette dépense. Il faudrait de plus un tombereau, un cheval et son conducteur, qui coûteraient environ mille francs, y compris la nourriture du cheval. Si chacun des actionnaires voulait fournir, tous les mois, une journée de bouvier, nous pourrions économiser cette somme la première année.

Deux tas de fumier, fabriqués chaque mois, produiraient environ 60 charretées d'engrais. Ce nombre multiplié par 12 donne pour l'année 720 charretées. Quand même on n'en obtiendrait que 600, chaque actionnaire aurait 25 charretées de fumier pour 50 f. Je présume que ce produit vaudrait deux fois le prix de son action.

Si les fonds de la société ne suffisaient pas pour continuer les travaux jusqu'à la fin de l'année, on les suspendrait lorsque la caisse serait épuisée, et dans le cours de cette même année, chaque associé ferait avec soin des expériences, pour déterminer la valeur de l'engrais factice, comparée à celle des fumiers ordinaires. Si le résultat était satisfaisant, la société maintiendrait son établissement l'année suivante, et agrandirait son entreprise, en doublant le prix de ses actions.

Dépenses de la seconde année.

Etablissement d'une seconde fosse.	100 fr.
Cuves et barriques.	200 fr.
Chaux et cendre pour utiliser les produits de la nouvelle fosse.	500 fr.
Un troisième ouvrier.	350 fr.
Dépenses imprévues.	50 fr.
Plus, pour le service de la fosse établie l'année précédente.	1,200 fr.
Total.	2,400 fr.

Il faudrait que les associés fussent encore chargés des transports, pendant le cours de cette année, et qu'ils fournissent les végétaux nécessaires.

Je présume qu'ils auraient pour produit, cinquante charretées de fumier chacun, à raison de 2 fr. la charretée.

Dépenses de la troisième année.

Si l'établissement prospérait, il faudrait se procurer un cheval, un tombereau, et un homme pour les conduire.

Cheval et tombereau.	500 fr.
Nourriture d'un cheval et salaire d'un ouvrier.	700 fr.
Total.	1,200 fr.

On pourrait vendre un tiers des fumiers, pour subvenir à ces dépenses extraordinaires ; cependant un nouveau manœuvre et l'entretien d'un cheval occasionneraient une dépense annuelle, que j'ai évaluée 700 fr. et qui éléverait le prix des actions à 130 fr.

Je propose à la société de m'accorder une action franche, pour indemnité du local que je lui fournis, cet-à-dire une portion de fumier égale à celle des actionnaires. Ce n'est point un motif de réduire la quantité de produits présumée, attendu que j'ai compté chaque tas d'engrais pour 25 charretées, au lieu de 30 qu'il doit fournir; nous aurions de plus les matières solides, consommées avec du gazon ou des végétaux, qui augmenteraient nos produits. Il est probable que le service de 4 manœuvres suffirait à une plus grande exploitation, et quoique les actions soient augmentées de 30 fr., le prix de la charretée de fumier n'excéderait pas 2 fr. pour les actionnaires.

Organisation de la société.

La société nommera deux commissaires pour surveiller son exploitation, et un receveur pour recouvrer le montant des actions; plus un caissier qui fera les paiements, sur les mandats des commissaires. Son comité se réunira de temps en temps, pour connaître la situation de la caisse, et régulariser les dépenses.

Tulle le 6. février 1822.

Copie

Monseigneur,

J'ai l'honneur de remercier votre Excellence, de la réponse agréable qu'elle a bien voulu m'adresser, sur mon traité des nouveaux engrais, et j'ose réclamer de nouveau, l'attention dont elle m'a honoré, pour le résumé de ce travail rectifié, d'après les justes observations de son Conseil d'agriculture.

Il est facile de simplifier les opérations proposées pour la confection des nouveaux engrais. Chaque propriétaire pourrait les fabriquer lui même, sur son terrain, s'il avait à sa disposition la matière essentielle que les villes devraient lui fournir, et dont il ferait sa provision, lorsqu'il y transporterait ses denrées. Cette matière deviendrait un objet de Commerce lorsqu'on en connaîtrait le prix. Si je pouvais établir une fosse mobile pour mon usage particulier, mes engrais seraient préparés sur le terrain même qu'ils devraient fertiliser. J'y ferais construire une citerne bien corroyée, et je trouverais à ma portée l'eau & les limons de réservoir, le gazon et la chaux. La Grande bruyère me fournirait de la cendre

A Son Exc le Ministre de l'Intérieur.

pour fabriquer de l'urate, et la petite serait employée dans mes composts. par ce moyen j'éviterais beaucoup de frais de transports. La découverte de Mr Cazeneuve doit avoir une influence marquée sur les progrès de l'agriculture. Si l'on recueille dans les villes, un liquide précieux, les terres incultes & infertiles fourniront des matériaux pour les engrais. En général on les apprécie peu, dans les pays que la nature a favorisés, mais ils porteraient la vie & l'abondance sur les terres ingrates, qui ne peuvent nourrir leurs habitans. Les expériences faites à Paris sur les urates sont perdues pour les cultivateurs de nos campagnes; il faut les renouveller sur les lieux, où on veut introduire les nouveaux engrais. C'est le but que je me suis proposé dans mon traité; J'ai voulu aussi perfectionner les composts des Anglais, en les saturants d'urine fermentée pour étendre cette liqueur sans l'affaiblir, & convertir beaucoup de terre en fumier, j'ai trop multiplié mes opérations; mais aujourd'hui, mes procédés seraient plus expéditifs & plus économiques, les laboureurs se feraient eux même le fumier dont ils sentent le besoin, et ils seraient encouragés dans leurs travaux, par des récoltes abondantes. Avec une mare placée convenablement ils pourraient enrichir de principes fécondans des matières entassées, qui n'ont pas en elles même assez de substance végétale pour suppléer les fumiers. Ils arroseraient avec un liquide préparé, les prés et les champs couverts de semence; l'emploi des urates serait préféré sur les terres argileuses & froides, et chacun pourrait varier la forme et l'emploi de ses engrais.

suivant la qualité de ses terres, et l'espèce des matières qu'il aurait à sa portée. Je crois que ces expériences seraient très utiles dans le vallon de Brive, où la quantité des fumiers est très inférieure aux besoins de l'agriculture, et que dans ce pays, les dépenses nécessaires pour fabriquer les engrais seraient avantageusement compensées, par la valeur des produits. Pour éclairer les propriétaires sur un objet aussi important, il faudrait tenter quelques essais. Les moyens d'Encouragements que je proposerais dans l'intérêt général, seraient d'établir des fosses mobiles d'Expérience dans les départemens peu fertiles, d'autoriser les particuliers à les construire dans nos édifices publics, et de récompenser leurs travaux, lorsqu'ils seraient utiles à l'agriculture.

Je suis avec le plus profond respect,

Mousieigneur,

De votre Excellence

Le très humble et très obéissant Serviteur. Signé Dumyrat.

POUR tâcher de rendre mon travail plus instructif, je vais donner l'extrait de quelques ouvrages nouveaux, sur la préparation des engrais.

Extrait des conférences de Monsieur COINTERAUX.

« Des balayures de ménage, des restes de boucherie, « des sucs de fumier et de l'urine étaient jetés, « tous les matins, dans de nouveaux cuviers à moitié « remplis d'eau. Je les fesais dissoudre et macérer « dans cette eau, pour la putréfier ; d'une autre « côté, je mélangeais du plâtre en poudre avec des « cendres de houille ramassées dans les rues de Lyon ; « j'humectais ce mélange grisâtre, avec mon eau « fermentée, au moyen d'une grille d'arrosoir.

« Je fis afficher la vente de mon nouveau fumier, « sous le titre de plâtre préparé ; lorsqu'on fut convaincu « de ses bons effets, par l'expérience, il vint une « si grande affluence d'amateurs, que je ne pus satis- « faire à toutes les demandes. »

Pour que cette spéculation fût avantageuse, il fallait que M. COINTERAUX fût à portée d'une grande ville et d'une carrière de plâtre. M. le Baron DOLMI, qui est aussi dans une position favorable, a employé le plâtre des carrières de Paris, pour absorber les urines perdues dans les bassins de la voirie de Monfaucon.

EXTRAIT d'un mémoire rédigé par M. DOLMI, Professeur des sciences naturelles, sur la construction des citernes d'engrais.

« La chaux vive (*) éteinte à l'air et la cendre de « nos foyers sont les ingrédients dont nous nous ser- « vons, pour composer ce que nous appelons la lessive « d'engrais.

« Dans chaque métairie, on construit quatre mu- « railles solides et dont les faces, placées à angle « droit, borneront l'étendue d'un carré spacieux. « A une certaine distance de cette petite bâtisse, « on construira un puits profond d'environ huit pieds; « après avoir rempli ce réservoir d'eau commune, on « y jetera deux boisseaux de chaux éteinte à l'air et « autant de cendres ordinaires, et l'on aura soin « d'agiter, tous les jours, ce mélange avec une per- « che ; lorsque le liquide sera chargé des parties salines « des deux substances employées, et qu'on aura porté « assez de fumier dans la citerne, pour en former un « amas de 5 à 6 pieds d'épaisseur, on arrosera toute sa « surface avec du liquide puisé dans le réservoir, où

(*) Il est à remarquer que la chaux éteinte à l'air contient à saturation le gaz acide carbonique de l'atmosphère.

« on a préparé la lessive prescrite. Cela fait, on recou-« vrira le tout avec une couche de terre épaisse de 5 à 6 « pouces, et les amas successifs de fumier qu'on y « jetera seront traités de la même manière.

« On voit que le fumier ne perd pas ses éléments « substantiels par l'évaporation, et que le mouvement « de fermentation augmente de plus en plus dans l'in-« térieur de la masse ; de sorte que les parties huileuses, « qui se décomposent, se combinent avec les parties « salines de la lessive d'engrais, pour former la subs-« tance séveuse qui nourrit les plantes. »

Je conçois les effets de la chaux combinée avec les parties huileuses des engrais ; mais il faut une grande quantité de liquide, pour arroser un tas de fumier, dont les différentes couches ont 5 à 6 pieds d'épaisseur. Les quatre boisseaux de matière alcaline, qu'on jette dans ce puits, doivent communiquer trop peu de principes salins à la masse d'eau qui s'y renouvelle jusqu'à trois fois.

EXTRAIT d'un mémoire sur différents moyens de former des engrais, et particulièrement sur l'utilité de la chaux vive, pour leur confection, par M. LANDRAU, Pharmacien, Membre de la société d'Agriculture de la Charente.

« En Saxe et dans les pays voisins, on emploie un « moyen très-ingénieux, pour augmenter le fumier;

« il consiste à faire en automne, un tas composé de « couches alternatives de fumier et de gazon : trois « parties du premier, et deux du second; la fermen- « tation ne tarde pas à s'y établir, et si la décomposition « du gazon n'est pas assez prompte, il faut couper « tout son fumier et l'entasser de nouveau : il pourra « être employé peu de temps après. Il serait bon « de l'arroser avec la lessive de M. Dolmi.

« M. Brouen conseille aux agronomes d'utiliser « toutes les plantes inutiles, en formant des couches « alternatives d'herbes fraiches et de chaux vive en « poudre : les premières épaisses d'un pied, et les « secondes très-légères. Après quelques jours d'inter- « valle, on coupe ce mélange, et l'engrais est fait.

« M. Thouin rapporte qu'un maître de poste de « Liège traitait ses fumiers avec le plus grand soin ; « le creux qui les contenait était environné d'un petit « fossé un peu plus profond, pour recevoir les urines « des animaux, et les eaux de pluie qu'on y détournait; « il plaçait au fond du creux, une couche de fumier « saupoudrée de chaux, et il l'arrosait avec l'eau « recueillie dans le petit fossé environnant. Il recom- « mençait ensuite une autre couche, comme il a été « dit, et opérait ainsi une lessive dont le fumier « absorbait tous les principes fécondants. »

On multiplie réellement les engrais par l'addition des sels qui les rendent plus actifs : un sac de poudrette contient peut-être plus de substance végétale, qu'une charretée de fumier commun.

Extrait d'un rapport de M. Héricart de Thury, Membre de la société royale d'Agriculture, sur la fabrication des urates calcaires.

« MM. Donat et compagnie sont parvenus à « utiliser les matières liquides des bassins de la voirie « de Monfaucon : leur procédé consiste à faire absorber « ces matières par du plâtre récemment cuit. Il en « résulte un corps terreux, aussi facile à transporter « que la poudrette. Par cette combinaison, l'urine « réunit toutes les forces végétatives des deux parties « composantes, et devient le plus efficace de tous « les engrais, à cause de la très-petite quantité qu'il « est nécessaire d'en employer. C'est ce mélange que « M. Donat appèle urate, parce qu'il renferme « tous les sels de l'urine dans un état solide.

« Avant cette découverte, on savait que plusieurs « agronomes et économistes avaient fait des essais « avec l'urine ; ainsi Dambournai, en 1762, fit « absorber les vannes des vidanges avec de la chaux « vive, et obtint un engrais d'une grande supériorité « sur la colombine. Mortimer, avec de vieux chiffons « de laine pourris dans l'urine, produisit un engrais

« des plus puissants. TUMBERG assure que les Chinois « et les Japonois recueillent les urines avec soin, « pour faire des mélanges en forme de bouillie, dont « ils arrosent les terres qu'ils veulent amender.

« Lorsqu'on veut procéder à la fabrication de l'urate, « on mélange les deux substances dans un bassin, « à l'aide d'un rabot; il se fait dans la masse une « grande effervescence, avec dégagement de gaz et « de vapeurs fétides. Après quelques heures de repos, « le mélange se raffermit, et on le réduit en poudre, « dès qu'il est suffisamment sec. »

Avec les matières qui sont à notre disposition, je crois qu'il serait facile de confectionner de la poudrette. En faisant consumer ensemble de la bruyère et des fagots de bois, j'obtiendrais une bonne cendre, que je mêlerais avec une cinquième partie de chaux en poudre, pour la rendre plus active; je ferais gacher ces matières dans un cuvier, avec mon liquide fermenté, lequel devrait contenir une plus forte portion d'urine. Lorsque ce mélange aurait pris un peu de consistance, on le ferait sécher sous un hangar, il serait ensuite pulvérisé comme l'urate, et mis en barrique pour le commerce. Je présume que cet engrais serait recherché, quand il serait connu, et qu'une fabrique de cette poudrette serait un établissement avantageux à la ville de Brive.

SOCIÉTÉS D'AGRICULTURE.

Je terminerai ce mémoire par quelques observations sur les sociétés d'Agriculture. Plusieurs membres du conseil général ont prétendu que celles de la Corrèze ne produisaient aucun bien, attendu que l'agriculture de ce pays n'avait éprouvé aucune amélioration, depuis qu'elles existent, et ils ont conclu qu'elles devaient être supprimées. Pour justifier nos sociétés d'une accusation aussi grave, je dirai d'où provient la lenteur de nos progrès. D'abord, ce département a un sol peu fertile, et une industrie commerciale très-bornée; ce n'est pas dans un pays pauvre, qu'on voit fleurir les arts, et particulièrement celui de l'agriculture qui exige de fortes avances. Les communications qui vont s'ouvrir donneront de l'activité à son industrie, mais le temps seul peut affaiblir les préjugés, dont quelques habitans paraissent imbus : ils supposent que les livres d'agriculture ne contienent que de vaines théories et des erreurs dangereuses, et n'accordent point assez d'estime aux hommes distingués, qui consacrent leurs veilles à la recherche des vérités utiles. (*)

(*) Quelques propriétaires, prétendent que leurs métayers, ou colons à moitié fruits, connaissent mieux l'agriculture que les

Dans un siècle aussi fertile en découvertes brillantes, l'art de cultiver la terre serait-il donc le seul que leurs lumières ne pussent éclairer ? Je vois prospérer, dans plusieurs départements, des races de chevaux superbes, celles des animaux les plus utiles s'améliorent de jour en jour ; la France possède aujourd'hui l'espèce précieuse des mérinos, que la nature lui avait refusée, son sol s'est enrichi d'une infinité de plantes étrangères, employées dans les arts, ou dans l'économie rurale ; on agrandit le domaine des sciences, et l'on récompense les efforts du génie : n'est-ce pas les sociétés savantes qui sont chargées de ces nobles fonctions, et qui dirigent, sous les auspices du gouvernement, les établissements qu'il a formés, pour la gloire et la prospérité nationales ?

---

plus savans agronomes; cette manière d'exploiter les biens, est peu compatible avec les améliorations. Le métayer occupe les bâtimens, le sol et les bestiaux du maître; il dispose de tout à son gré, et ne souffre aucune modification dans sa culture; de son côté, le maître fait consister toute son industrie à retirer exactement la moitié des fruits, sans faire aucune mise de fonds. Si le métayer devenait fermier, il serait fortement stimulé, par l'espérance de recueillir tous les produits de son travail, et le maître serait intéressé à faire des améliorations pour élever le prix de son bail; mais il est asservi à l'ancien mode d'exploitation, et ses modiques revenus lui sont d'autant plus précieux, qu'ils ne lui coûtent ni soins ni dépenses. C'est un usage ancien et généralement adopté, qui s'opposera long-temps aux progrès de l'agriculture dans ce pays.

Dans les autres départements, les sociétés d'agriculture publient un journal, qui rend compte de leurs expériences et de leurs travaux: celles de la Corrèze devraient imiter leur exemple ; mais on leur a ôté le moyen de subvenir à ces dépenses, en donnant une destination spéciale aux fonds qu'on leur avait accordés. La société de Tulle reçoit aujourd'hui, les ouvrages périodiques de celles qui lui sont affiliées, et pour composer un excellent journal, il suffirait de choisir dans ces écrits, les articles qui pourraient convenir aux localités ; alors les propriétaires aisés tenteraient quelques essais, et les moins fortunés adopteraient les procédés nouveaux, dont l'avantage leur serait démontré par l'expérience.

La société de Brive est composée de propriétaires qui habitent la campagne, et font valoir une partie de leurs terres. Plusieurs d'entr'eux se distinguent par des travaux d'amélioration très-intéressants, et une culture bien soignée : aussi l'arrondissement de Brive est celui des trois qui est le mieux cultivé.

Lettre de Monsieur le Sous-Préfet *de Brive, Président de la société d'Agriculture, à Monsieur* Dumyrat, *Conseiller de Préfecture, en date du 7 octobre 1821.*

MONSIEUR,

J'ai l'honneur de vous renvoyer le mémoire que vous avez bien voulu confier à monsieur le Secrétaire perpétuel de la société d'Agriculture de Brive et à moi, relativement à une fabrication de fumiers artificiels que vous désireriez introduire dans notre arrondissement, pour accélérer et favoriser les progrès de l'art agricole.

Je me suis empressé de le communiquer à la commission intermédiaire, à sa dernière séance. Il y a été lu avec l'attention, et tout l'intérêt que mérite ce mémoire, plein d'observations utiles; et la société d'Agriculture de Brive n'a pu qu'applaudir aux vues et aux bonnes intentions d'un agronome distingué, qui s'occupe particulièrement de tous les objets qui peuvent être utiles à son pays, et concourir à sa prospérité.

Il y a long-temps qu'en économie rurale, on a cherché à employer *l'urine*, qui fait la base de vos fumiers, pour accélérer la putréfaction des matières animales et végétales, qui entrent dans la composition de tous les engrais, comme propres à fournir une subsistance abondante à toutes les plantes. En effet, *l'urine*, outre les sels qu'elle contient, qui sont en général du muriate de soude, du nitre et du phosphate ammoniacal, comprend encore une quantité considérable de matière animalisée, très-susceptible d'une prompte putréfaction, et propre à exciter une fermentation de ce genre dans les autres substances, avec lesquelles elle est mêlée. Il existe dans un journal de la société d'Agriculture de Périgueux, un rapport qui lui a été fait à ce sujet; et il paraît qn'on s'occupe assez généralement d'utiliser *l'urine*, qui jusqu'ici avait été bien négligée sous le rapport de l'agriculture, et qu'on laisse perdre. Mais je ne sache pas que jusqu'ici on ait employé les moyens et les mélanges proposés par vous, pour élever à un produit très-considérable les engrais de votre composition.

Mais, monsieur, l'exécution en grand de votre projet a paru à la société d'Agriculture de Brive, présenter des difficultés que je dois vous développer.

D'abord, il serait très-difficile, et même presque impossible de rassembler les quantités d'urine qui seraient nécessaires pour opérer la fermentation des matières; car même à l'hospice, le nombre des femmes est supérieur à celui des hommes, et on aurait de la peine à les obliger à réunir les urines au même lieu. D'ailleurs, les hommes y sont occupés ou au jardinage ou à d'autres occupations journalières qui les éloignent de leurs salles, et on ne peut les obliger à se transporter continuellement à l'endroit où seraient placés les baquets.

Le transport de ce liquide, dont l'odeur est assez révoltante, dans des barriques, causerait beaucoup d'embarras, exigerait beaucoup de soins, causerait de la dépense, et en définitif on manquerait bientôt, ou on n'aurait pas une quantité suffisante de ce liquide, pour remplir le but que l'on se proposerait.

En second lieu, les gazons, les fougères, les bruyères seraient bientôt épuisées dans les environs de l'atelier. Il faudrait les aller chercher au loin, avoir des charriots attelés, des hommes pour les conduire, etc, etc. Ce serait donc un surcroît de dépense non prévu, qui deviendrait cependant important.

En troisième lieu, l'estimation que vous faites des matières premières et de la manutention paraît trop abaissée. Les cendres sont très-chères à Brive, surtout pendant l'été, pour les lessives; les charrées même sont rares, parce qu'elles sont recherchées pour les prés. Il faudrait un plus grand nombre d'ouvriers que ceux qui sont projetés pour le service d'une exploitation en grand, telle qu'elle est mentionnée, et telle qu'elle devrait être pour produire des avantages aussi importants que ceux qu'on devrait en attendre.

En quatrième lieu, il est très-peu de particuliers qui voulussent consacrer leurs terres à la production des lupins, dont il faudrait délivrer le produit en herbe à l'établissement, surtout dans une commune où les terres ne sont pas même suffisantes pour la production des céréales nécessaires à la consommation locale.

En cinquième lieu, on trouverait difficilement une personne qui voulût se charger de la direction d'un établissement de ce genre, même en lui accordant un traitement assez considérable, à cause de la répugnance pour de semblables matières en putréfaction, de la surveillance, des détails de la comptabilité; de la distribution des produits, des soins continuels qu'il faudrait pour ne pas laisser manquer les matières, et de la responsabilité, etc.

Vous proposez, monsieur, à la société d'Agriculture de Brive de faire l'essai d'un établissement de ce genre, dont vous n'évaluez le montant de la première mise en activité qu'à la somme de 1200 francs, susceptible annuellement d'augmentation, à mesure des besoins, et dont le remboursement s'opérerait en fumier provenant de l'établissement, et vous offrez pour son emplacement un terrain sur la propriété que vous possédez près de la ville, vis-à-vis la rue des Sœurs.

La société d'Agriculture de Brive ne pourrait en aucune manière consacrer à ce projet le peu de fonds que le département lui accorde pour fournir à ses besoins les plus urgents, à son instruction et aux primes d'encouragement qu'elle doit accorder et distribuer.

D'ailleurs, la plus grande partie des membres de la société sont des propriétaires habitants la campagne, dont quelques-uns sont peu fortunés, et ne pourraient recevoir leur remboursement en fumiers dont ils n'auraient pas l'emploi, étant très-éloignés pour la plupart de la ville de Brive.

En général il est peu de particuliers dans cet arrondissement qui voulussent consacrer une partie, même modique, de leurs capitaux, pour s'intéresser au succès d'un établissement nouveau, dont rien ne peut garantir la réussite.

D'un autre côté, le local proposé est si rapproché de la ville, que l'établissement deviendrait, pour la police et pour les habitants de ce quartier, le sujet de plaintes bien fondées, surtout lorsque les vents du midi et du sud-est ou de l'ouest, qui soufflent assez fréquemment, chasseraient sur la ville des miasmes putrides qui s'éléveraient des fosses, qui même seraient contraires à la salubrité des habitants.

Je suis chargé, par suite de ces considérations, de vous annoncer, monsieur, que la société d'Agriculture de Brive applaudit aux vues d'intérêt public qui vous ont dirigé dans la formation du projet que vous avez conçu ; qu'elle vous témoigne sa réconnaissance pour la communication que vous avez bien voulu lui en donner; mais qu'elle ne peut, par tous les motifs ci-dessus exprimés et d'autres, qu'il serait superflu d'y ajouter, se charger par le moyen de ses membres ou d'autres personnes, qu'il serait difficile de trouver, de la fourniture des fonds nécessaires à une entreprise de ce genre, comme aussi de sa direction, de sa surveillance et de tous les détails qu'elle entraînerait à sa suite.

Veuillez agréer, Monsieur, l'assurance de la haute considération avec laquelle je suis

Votre très-humble et
très-obéissant serviteur,

LE SOUS-PRÉFET,

Président de la Société d'Agriculture de Brive,

LE V.te DEBONNAIRE DE GIF.

Réponse de Monsieur DUMYRAT *à Monsieur le* SOUS-PRÉFET *de Brive, en date du* 14 *octobre* 1821.

MONSIEUR LE SOUS-PRÉFET,

Permettez-moi de répondre aux observations que vous avez bien voulu m'adresser, au nom de la société d'Agriculture de Brive, sur le mémoire que j'ai eu l'honneur de vous présenter. Un membre de la société de Périgueux a fait sur cette question un rapport dont vous avez connaissance, mais jamais vous n'avez ouï dire que personne aît fait usage des mélanges que je propose pour composer des engrais. Il me semble que la nouveauté de cette proposition n'est pas un motif pour la condamner. A quoi servent les écrits, s'ils n'ajoutent rien aux connaissances acquises ?

Vous m'objectez *qu'il est difficile de réunir à l'hospice la quantité d'urine nécessaire.* On ne peut guère présumer que les lieux d'aisance de cette maison ne soient pas fréquentés. Il y a des vieux, des infirmes et des personnes sédentaires; je je ne prétends point changer leurs habitudes, je demande seulement à placer des appareils dans les fosses de la maison, pour y recueillir des matières dont la quantité est ordinairement relative à sa population. Il m'importerait peu que les appareils fussent à l'hospice ou ailleurs; je choisirais le local qui devrait donner le plus de produits. Les fosses qui existent dans l'intérieur de la ville ne sont pas suffisamment évacuées par le petit courant d'eau qui y circule, et les habitants seraient trop heureux, que les appareils proposés prévinssent la chûte des matières dans ces foyers de corruption. Les étrangers qui viennent à Brive, pendant l'été, sont toujours affectés du mauvais air qu'on y respire.

Le transport du liquide causerait beaucoup d'embarras. Je crois qu'il serait très-facile et sans inconvénient; l'odeur d'un liquide contenu dans une barrique bien bouchée, ne se répand guère au dehors, il n'en faut pour mes expériences que dix barriques par mois, ou une tous les trois jours; et je suis persuadé qu'on les trouverait à l'hospice, qui est situé hors la ville, et que les maisons de l'intérieur en fourniraient dix fois plus qu'il ne m'en faudrait. Les difficultés que votre comité m'oppose sont dénuées de preuves, et mes assertions sont fondées sur des raisonnements qui seraient justifiés par l'expérience. Les soins et les dépenses ont été appréciés dans le détail de mes opérations, et on ne peut détruire le résultat de mes calculs, que par d'autres calculs plus justes que les miens. On peut supposer sans doute que l'exécution de mon projet ne produirait pas tous les avantages que je me suis flatté d'obtenir, mais je réclame, contre cette opinion, l'expérience qui est au-dessus de tous les raisonnements.

Les gazons et les bruyères seraient bientôt épuisés. On voit dans le vallon de Brive, une étendue très-considérable de mauvais pâcages qui ont besoin d'être renouvellés. 150 pieds carrés de gazon donneraient un poids et un volume plus que suffisants pour charger une charrette à bœufs; et comme un arc présente mille pieds carrés de superficie, un hectare en fournirait sept ou huit cents charretées. Si, contre toute apparence, les propriétaires souscripteurs refusaient des gazons et des lupins, on louerait de mauvaises terres pour en semer; on aurait en outre les restes des tanneries et les autres matières que j'ai indiquées. Quant aux bruyères, elles couvrent une partie de l'arrondissement. En voyageant dans le canton de Beynat et les environs, j'ai parcouru l'espace de trois lieues sans voir autre chose que des bruyères. Elles seraient enlevées et brûlées avec la terre qui tient aux racines, ainsi qu'on le pratique pour les novelins, ou défrichements sur lesquels on sème du seigle, et la cendre n'étant pas lourde, on la transporterait à peu de frais. Un seul hectare en donnerait 200 hectolitres et quelquefois le double : il est peu de propriétaires qui ne voulussent la fournir à raison de 1 fr. l'hectolitre; et puis les carrières de pierre à chaux sont inépuisables.

Le prix des matières est trop abaissé. J'estime les matières ce qu'elles valent sur les lieux, et je fournis des moyens de transport. Je n'apprécie point la cendre comme celle de bois, trouvant celle de bruyère assez bonne pour mon fumier. L'expérience déterminerait le nombre d'ouvriers nécessaires pour mon entreprise; j'ai lieu de croire qu'elle serait peu dispendieuse si les propriétaires voulaient me seconder, et l'on ne doit pas la juger impossible avant d'en avoir acquis la preuve.

Il est très-peu de particuliers qui voulussent semer du lupin. L'obligation de semer un boisseau de lupin, sur une mauvaise terre, ne me paraît point onéreuse. Les terres labourables ne manquent pas dans l'arrondissement de Brive; c'est le fumier qui leur manque, et on est forcé de les laisser incultes, parce qu'elles ne produisent qu'avec des engrais.

On trouverait difficilement une personne qui voulût surveiller cette fabrication. Elles n'auraient pas toutes la même répugnance pour ce genre de travail; il ne faut qu'un tiers d'urine pour la préparation du liquide, et puis il est bien rare que l'on puisse obtenir un bénéfice, sans prendre quelque peine. Le grand air et la chaux sont des préservatifs éprouvés contre le danger des vapeurs méphitiques. Quant aux soins nécessaires, pour l'administration de l'établissement, on ne peut les éviter; celui qui est ennemi du travail ne doit rien entreprendre; il faut qu'il reste oisif et nul pour les affaires.

La société ne pourrait fournir des fonds. J'ai proposé une souscription aux propriétaires de l'arrondissement, pour leur avantage, et j'ai recherché l'approbation de la société, mais je ne lui ai rien demandé.

La plupart des propriétaires habitent des campagnes éloignées. Je conviens que plusieurs sont éloignés de la ville et d'autres peu fortunés, mais il ne faut être ni capitaliste ni riche, pour employer 50 fr. en achat de fumiers. Le besoin d'engrais fait qu'on le transporte souvent à la distance d'une lieue, on pourrait le convertir en argent; d'ailleurs, il s'agit d'une expérience intéressante, et un petit nombre de propriétaires aisés pourraient risquer une modique somme pour le bien général. Si la souscription est acceptée, j'ai raison de la proposer; si elle ne l'est pas, j'aurai fait une vaine tentative, mais avec le désir d'être utile au public.

Vous observez *que l'emplacement proposé n'est pas assez loin de la ville.* Je suis bien d'avis que la santé des habitants est la plus importante de toutes les considérations; mais à quel point celle-ci est-elle fondée? Il ne s'agit pour le moment que de faire une expérience, et je ne pense pas que deux tas de ce fumier placés sur un coteau très-aéré, à un demi-kilomètre de la ville, puissent incommoder des citoyens qui l'entassent en grande quantité, tout près de leurs habitations. Au reste il serait facile de trouver un local plus éloigné.

C'est par un motif très-louable d'intérêt public, que vous avez adopté les opinions des habitants du pays, présumant qu'elles étaient fondées sur des connaissances locales. Je crois cependant devoir persister dans le dessein de publier mon ouvrage, parce qu'il peut devenir utile en d'autres temps ou en d'autres lieux.

La société s'étant prononcée contre le projet d'une fabrication en grand, pourrai-je solliciter auprès de vous, la faculté d'établir une fosse mobile à Brive, pour mon usage particulier ? J'espère que vous m'accorderez cette faveur, lorsque vous serez bien convaincu, que des expériences réitérées ont eu le plus heureux succès dans la capitale, qu'elles ont été déterminées par l'avis des hommes les plus instruits, approuvées par le gouvernement et les personnes que ce changement devait intéresser. L'indulgence que je réclame, serait pour moi un dédommagement précieux. Agréez, je vous prie, mes remerciments pour ce que vous me dites d'honnête sur mon ouvrage, et l'assurance de la considération respectueuse, avec laquelle j'ai l'honneur d'être,

Monsieur le SOUS-PRÉFET,

Votre très-humble
et très-obéissant serviteur,

DUMYRAT.

Plusieurs personnes ayant cru voir des difficultés insurmontables, dans l'exécution de mon projet, je me suis déterminé à publier une correspondance, où cette question est discutée avec beaucoup de détails. Le comité de la société d'Agriculture n'a point accueilli mes raisons, il persiste dans un systeme d'opposition dont je ne puis concevoir les motifs ; et quoique M. le Sous-Préfet me l'ait confirmé par une seconde lettre, je n'ajouterai rien à ce que j'ai déjà dit : ma défense est dans mon ouvrage, et le public le jugera.

ERRATA.

Pag. 19, lig. 12, au lieu de *versées*, lisez *versés.*

Pag. 20, lig. 13, au lieu de *dessous*, lisez *dessus.*

www.ingramcontent.com/pod-product-compliance
Lightning Source LLC
LaVergne TN
LVHW012000160826
845678LV00002B/633

* 9 7 8 2 3 2 9 6 7 5 3 3 6 *